PLANETA ANIMAL

LAS NUTRIAS

POR CHRISTOPHER BAHN

CREATIVE EDUCATION • CREATIVE PAPERBACKS

Publicado por Creative Education y Creative Paperbacks
P.O. Box 227, Mankato, Minnesota 56002
Creative Education y Creative Paperbacks
son marcas editoriales de The Creative Company
www.thecreativecompany.us

Diseño de The Design Lab
Dirección de arte de Wyeth Morgan
Editado de Jill Kalz

Fotografías de Getty Images/Hal Beral, 21; Pexels/David Selbert, 9, Ellie Burgin, 18, Flickr, 13, Katie Burandt, 10, Mark A Jenkins, 6, Timothy Wills-DeTone, 17; Shutterstock/Eric Isselee, portada, 1, 8; Unsplash/amanda panda, 22-23, Steve Payne, 14; Wikimedia Commons/Ben Clarke, 16, Mike Baird, 5, Peter Trimming, 2

Library of Congress Cataloging-in-Publication Data
Names: Bahn, Christopher (Children's story writer), author.
Title: Las nutrias / by Christopher Bahn.
Other titles: Otters. Spanish
Description: Mankato, Minnesota : Creative Education and Creative Paperbacks, [2025] | Series: Planeta animal | Includes bibliographical references and index. | Audience: Ages 6–9 | Audience: Grades 2–3 | Summary: "Discover the made-for-water otter in this North American Spanish translation! Explore the aquatic mammal's anatomy, diet, habitat, and life cycle. Captions, on-page definitions, an Alutiiq animal folktale, and an index support elementary-aged kids"—Provided by publisher.
Identifiers: LCCN 2024018545 (print) | LCCN 2024018546 (ebook) | ISBN 9798889895589 (library binding) | ISBN 9781682777435 (paperback) | ISBN 9798889895688 (ebook)
Subjects: LCSH: Otters—Juvenile literature. | Otters—Behavior—Juvenile literature. | Otters—Life cycles—Juvenile literature.
Classification: LCC QL737.C25 B249718 2025 (print) | LCC QL737.C25 (ebook) | DDC 599.76915—dc23/eng/20240523

Impreso en China

Índice

El grueso pelaje mantiene a las nutrias marinas calientes y secas.

Las nutrias son animales peludos **acuáticos**. Son excelentes nadadoras y buceadoras. Hay una docena de tipos de nutria. Las nutrias marinas viven en la costa del Pacífico. Las nutrias de río viven en América del Norte y del Sur, Eurasia y África.

acuático relativo al agua

La larga cola de una nutria de río le ayuda a orientarse en el agua, como el timón de un barco.

El agua es una parte importante del **hábitat** de la nutria. Las nutrias de río americanas viven en arroyos y lagos y a lo largo de las costas oceánicas. Las nutrias marinas viven casi exclusivamente en el océano. Sólo pisan tierra durante breves descansos y para dar a luz.

hábitat zona en la que vive normalmente un animal

Las nutrias tienen cuerpos largos y delgados. Las nutrias de río americanas miden 3 pies (1 metro) de largo. Pesan entre 13 y 22 libras (6–10 kilogramos). Las nutrias marinas miden entre 4 y 5 pies (1,2–1,5 m) de largo y pueden pesar hasta 100 libras (45 kg).

La forma suave y redondeada de una nutria se desliza fácilmente por el agua.

La capa exterior de la nutria de pelaje desprende agua con facilidad.

Las nutrias tienen patas **palmeadas** y colas largas que les ayudan a nadar. Sus patas son buenas para agarrar objetos. Su pelaje es marrón. Lo mantienen limpio y engrasado. El pelaje mantiene calientes a las nutrias en aguas frías.

palmeados unidos por trozos de piel

Los bigotes largos ayudan a las nutrias de a sentir los peces que se mueven en el agua cercana.

Las nutrias son **carnívoras**. Cazan para alimentarse. Las nutrias de río usualmente comen pescado. También comen ranas, pájaros y ratones si pueden cazarlos. Las nutrias marinas se alimentan de peces y criaturas de caparazón duro, como caracoles, cangrejos y almejas.

carnívoros animales que comen carne

Las crías de nutria nacidas de la misma madre en el mismo momento se denominan hermanos de camada.

Como otros **mamíferos**, las nutrias tienen crías vivas. Las nutrias de río tienen hasta seis crías a la vez. Las nutrias marinas suelen tener sólo una. Las crías nacen indefensas, pero pronto aprenden a nadar solas.

mamíferos animales con pelo o piel que dan a luz crías vivas y las alimentan con leche

Algunas nutrias viven solas. Otras viven en pequeños grupos familiares. Las nutrias marinas a veces se reúnen en grupos llamados balsas. Las balsas pueden incluir cientos de nutrias. Las nutrias de río hacen nidos con palos, hierba y hojas. También pueden vivir en antiguas presas de castores.

Las nutrias marinas suelen dormir juntas, flotando de espaldas.

Las nutrias son juguetonas. Luchan. Hacen malabares con piedras. A menudo se deslizan por el barro o la nieve. Los grupos familiares se turnan para deslizarse por el agua boca abajo. Las nutrias marinas a veces juegan con focas y leones marinos.

El juego ayuda a las nutrias jóvenes a aprender habilidades que necesitarán cuando sean adultas.

Las nutrias hacen algo que pocos animales hacen: ¡utilizan herramientas! Las nutrias marinas usan las rocas como martillos. Golpean los mariscos para abrirlos. Luego se comen el interior blando.

Una nutria marina come marisco mientras flota sobre su espalda.

Un cuento de nutrias

La gente alutiiq de Alaska cuentan una vieja historia sobre las nutrias. Hace mucho tiempo, dicen, los espíritus de la tierra y el mar se repartieron todos los animales. Pero ambos querían a Otter. Se pelearon por él tirando de su cola, razón por la que las nutrias de hoy tienen la cola tan larga. La nutria puso fin a la lucha aceptando vivir tanto en la tierra como en el agua.

Índice